Johannes Ohnmacht

Novel Food. Eine Kosten-Nutzen Analyse

GRIN Verlag

Bibliografische Information der Deutschen Nationalbibliothek:

Die Deutsche Bibliothek verzeichnet diese Publikation in der Deutschen National-
bibliografie; detaillierte bibliografische Daten sind im Internet über http://dnb.d-
nb.de/ abrufbar.

Impressum:

Copyright © 2004 GRIN Verlag, Open Publishing GmbH
Druck und Bindung: Books on Demand GmbH, Norderstedt Germany
ISBN: 978-3-640-83851-6

Dieses Buch bei GRIN:

http://www.grin.com/de/e-book/167323/novel-food-eine-kosten-nutzen-analyse

GRIN - Your knowledge has value

Der GRIN Verlag publiziert seit 1998 wissenschaftliche Arbeiten von Studenten, Hochschullehrern und anderen Akademikern als eBook und gedrucktes Buch. Die Verlagswebsite www.grin.com ist die ideale Plattform zur Veröffentlichung von Hausarbeiten, Abschlussarbeiten, wissenschaftlichen Aufsätzen, Dissertationen und Fachbüchern.

Besuchen Sie uns im Internet:

http://www.grin.com/

http://www.facebook.com/grincom

http://www.twitter.com/grin_com

Albert- Ludwigs- Universität Freiburg i.Br.

Arbeits- und Koordinationsstelle für das Ethisch- Philosophische Grundlagenstudium

EPG-2 Ringvorlesung mit Übung: Wissenschaftstheoretische und ethische Fragestellungen in Naturwissenschaften und Mathematik

Wintersemester 2003/04

„Novel Food"

- Eine Kosten- Nutzen Analyse -

Johannes Ohnmacht

Wiss. Politik (5. FS)/ Biologie (5. FS)/ Geographie (1.FS)

L.A.+ M.A.

Inhaltsverzeichnis

Anhang: Literaturverzeichnis

I. Einleitung

„Genfood" oder rechtlich „Novel Food" ist eines der am häufigsten diskutierten Themen im Bereich der Technikfolgenabschätzung der letzten Jahre. In vorliegender Arbeit soll anhand einer klassischen Kosten- Nutzen Analyse untersucht werden, welche Vorteile beziehungsweise Gefahren das Vertreiben von gentechnisch veränderten Lebensmitteln birgt.

Nach einer Begriffsklärung (Kapitel II) werden hierzu zuerst die unterschiedlichen Vorteile von Novel Foods herausgestellt, welche am Ende des Kapitels auf ihre zugrunde liegenden ethischen Werte durchleuchtet werden (Kapitel III). Anschließend sollen die Argumente gegen eine Einführung solcher Lebensmittel dargestellt und ebenso hinsichtlich ihrer ethischen Verortung analysiert werden (Kapitel IV). Im Schlussteil werden die Erkenntnisse nochmals gebündelt dargestellt und eine Gewichtung der Argumente und damit ein Fazit aus der Diskussion gezogen (Kapitel V).

Leitfrage in der gesamten Arbeit soll sein, wie, beziehungsweise ob überhaupt, ein ethisch verantwortbarer Umgang mit gentechnisch veränderten Lebensmitteln möglich ist.

II. Begriffsklärung

Damit ausreichende Klarheit über den Begriff Novel Food geschaffen ist, soll an dieser Stelle eine Definition und Abgrenzung desselben versucht werden um mögliche Verwirrungen zu vermeiden.

Einerseits lassen sich dreierlei Typen von „Genfood" unterscheiden, aber andererseits ist deren Abgrenzung und Festlegung sehr umstritten. Dies zeigt unter anderem auch die Debatte nach der Novel- Food- Verordnung der Europäischen Union 1997, in deren Folge vor allem eindeutige Grenzwertfestlegungen gefordert wurden, die die Verordnung erst konkret umsetzbar machen würden. An dieser Stelle soll folgende grobe Einteilung genügen[1]:

> a) Gentechnisch veränderte Nahrungsmittel im engeren Sinne.
>
> b) Nahrungsmittel, die zwar rekombinante Moleküle enthalten, aber das Nahrungsmittel selbst qualitativ nicht verändern.
>
> c) Nahrungsmittel aus gentechnisch veränderten Pflanzen, in denen keine rekombinanten Moleküle mehr nachweisbar sind.

Wie schon angedeutet enthält auch diese Dreiteilung noch zahlreiche Unschärfen, jedoch erfüllt sie ihren Zweck, der Diskussion etwas mehr Struktur zu verleihen. So ist es ja auch nicht Absicht dieser Arbeit eine juristisch einwandfreie Abgrenzung zu schaffen, sondern lediglich die ethischen Standpunkte und deren jeweilige Dimension zu erhellen.

---

[1] Nach: Wobus, Ulrich: Nahrungsmittel aus gentechnisch veränderten Pflanzen in Nahrungsketten, in: Deutsche Akademie der Naturforscher Leopoldina (1998): Nahrungsketten – Risiken durch Krankheitserreger, Produkte der Gentechnologie und Zusatzstoffe? Leopoldina- Symposium vom 8. bis 10. Mai 1998 in Jena, Barth Verlag, Leipzig, S.52. (Nachfolgend: Wobus: Nahrungsmittel aus gentechnisch veränderten Pflanzen in Nahrungsketten).

III. Nutzenanalyse

In diesem Kapitel sollen die verschiedenen Vorteile der Anwendung von Gentechnik bei der Lebensmittelproduktion erläutert werden, wobei obige Typologie jeweils als Einordungsschema dient. Abschließend werden die ethischen Grundwerte für die Rechtfertigung der Anwendung der Gentechnik zur Erreichung des jeweiligen Ziels dargestellt.

1. Agrartechnische Verbesserungen durch Einsatz von gentechnisch veränderten Organismen
Unter diesen Bereich fallen vor allem der Einsatz von gentechnisch veränderten Organismen (GVO) bezüglich der Stickstoff- Fixierung oder von gentechnisch hergestellten, biologischen Pestiziden; in ersterem Falle überwiegend durch Rhizobien[2]. Sämtliche Verarbeitungstechniken die in mit dieser Methode arbeiten, fallen unter die in der Begriffsklärung unter b) und c) gefasste Festlegung, stellen also keine gentechnisch veränderten Lebensmittel im engeren Sinne dar, da ihr Genom nicht verändert wird. Vielmehr ergeben sich durch symbiontische Synergien oder die Verwendung von gentechnisch hergestellten Biopestiziden und Frostschutzmitteln höhere Erträge der behandelten Nutzpflanzen. Jedoch ist eine Beeinflussung nicht völlig auszuschließen weshalb diese Methoden auch unter den Begriff „Novel Food" fallen.

Der agrartechnische Nutzen ist damit fast ausschließlich durch den höheren Ertrag - oder im Falle der Resistenzen: geringerer Ausfall[3] – gegeben. Hinzu kommt bei der Verwendung von Biopestiziden die Minderung der Umweltbelastung, da herkömmliche (chemische) Pestizide überflüssig werden[4].

2. Agrartechnische und verarbeitungstechnische Verbesserungen der Pflanzen selbst
Zusammen mit den unter Punkt 1 benannten Eingriffen stellt dieser Bereich die bisher am häufigsten eingesetzte Methode dar. Wiederum fallen sie vornehmlich

---

[2] Wobus: Nahrungsmittel aus gentechnisch veränderten Pflanzen in Nahrungsketten, S.52.
[3] Der weltweit bis zu einem Drittel beträgt: DFG (2001): Gentechnik und Lebensmittel. Senatskommission für Grundsatzfragen der Genforschung. Mitteilung 3, Wiley- VCH Verlag, Weinheim, S.7. (Nachfolgend: DFG: Gentechnik und Lebensmittel).
[4] Oftmals allerdings nur zu einem relativ geringen Teil. Siehe auch: DFG: Gentechnik und Lebensmittel, S.11, 12.

unter die in b) und c) genannte Festlegung, wobei in manchen Punkten aber auch eine Zuordnung unter Punkt a) angemessen scheint. Die agrartechnischen und verarbeitungstechnischen Verbesserungen der Pflanzen umfassen sowohl biotische als auch abiotische Resistenzen[5], generelle Ertragssteigerungen, Entwicklung von „low input" Sorten und gentechnische Systeme zur Erzeugung von Hybridsaatgut[6]. Es wird also direkt in das Genom der Nutzpflanze eingegriffen, jedoch die Zusammensetzung des zum Verzehr genutzten Teils nicht oder nur in sehr geringem Umfang verändert. Beispiele hierfür sind die Erhöhung der Standfestigkeit bei beispielsweise Weizen- oder Roggensorten oder eine erhöhte Frosttoleranz.

Während also bei der Verbesserung der Standfestigkeit von Weizensorten ein direkter Kontakt der lebensmitteltechnisch relevanten Teile der Pflanze mit dem Verbraucher weitgehend vermieden wird, lässt eine biotische Resistenz einer Frucht die Kennzeichnung als „gentechnisch verändertes Nahrungsmittel im eigentlichen Sinn" schon gerechtfertigt erscheinen. Auf die Problematik dieses direkten Kontakts wird in Kapitel IV.2 näher eingegangen[7].

Abgesehen von dem prinzipiellen Vorteil der Ertragssteigerung kann durch die genannten Methoden auch die Erweiterung der Anbaufläche beziehungsweise das Verhindern deren zunehmender Abnahme erreicht werden (zum Beispiel durch Salztoleranz, Hitzetoleranz...)[8]. Damit können insbesondere in Hungerregionen zahlreiche Nöte gelindert werden, indem die Möglichkeit der Nahrungsmittelproduktion *vor Ort* möglich gemacht, oder zumindest erhalten bleibt. Wie unter Punkt III.1 kommt auch hier die Möglichkeit der Reduzierung der Umweltbelastung durch Verringerung von bisher angewandten chemischen Pestiziden hinzu.

3. Verbesserung der Lebensmittelqualität
Die Verbesserung der Qualität der Lebensmittel stellt sicherlich den am kritischsten betrachteten, aber auch den Punkt mit den weitestgehenden Möglichkeiten und

---

[5] Hierzu auch: Teuber, Michael: Gentechnik für Lebensmittel und Zusatzstoffe – Leben mit der Gentechnik, in: Nordrhein – Westfälische Akademie der Wissenschaften (2000): Natur- Ingenieur- und Wirtschaftswissenschaften. Vorträge N 446, Westdeutscher Verlag, Wiesbaden, S.10, 11. (Nachfolgend: Teuber: Gentechnik für Lebensmittel und Zusatzstoffe).
Wobei aber auch Befürchtungen bestehen, durch die künstlichen Resistenzen „Superunkräuter" zu generieren, welche den positiven Effekt ausgleichen oder sogar ins Gegenteil verkehren würden: Bethge, Philip (2003): Designerkost für alle, in: Der Spiegel 12/ 2003.
[6] Wobus: Nahrungsmittel aus gentechnisch veränderten Pflanzen in Nahrungsketten, S. 52.
[7] Hierunter ist dann auch der Kontakt mit der veränderten DNA zu fassen, welche eventuell zwar nicht in Proteine translatiert und transkribiert wird, jedoch nichtsdestotrotz untersucht werden muss.
[8] DFG: Gentechnik und Lebensmittel, S.12.

Potentialen dar. Beispiele hierfür sind die Erhöhung des ernährungsphysiologischen Wertes durch zusätzliche oder vermehrte Bildung von Aminosäuren, ungesättigten Fettsäuren und Ähnlichem, die Erhöhung des Gehaltes an gesundheitsfördernden Pflanzeninhaltsstoffen wie Vitaminen und antikanzerogenen Stoffen, und im umgekehrten Ansatz dazu die Erniedrigung des Gehaltes an allergenen und toxischen Stoffen, sowie die Nutzung der Pflanze als Bioreaktor zur Erzeugung von vielfältigen Zusatzstoffen für Nahrung und Futtermittel[9]. Wobei bei der Nutzung als Bioreaktor die eingesetzten Organismen[10] von den gewonnenen Substanzen wieder getrennt werden um dem Bedürfnis, dass keine Fremd- DNA aus dem Produktionsorganismus mehr im Nahrungsmittel nachweisbar ist, Rechnung zu tragen[11].

Abgesehen von der Nutzung der Organismen als Bioreaktor, bei der kein direkter Kontakt der GVO mit dem Verbraucher entsteht, fallen alle genannten Techniken unter die unter a) genannte Definition und sind somit gentechnisch veränderte Nahrungsmittel im eigentlichen Sinne. Aufgrund des hohen potentiellen Nutzens der Veränderung der Vitamin- oder Aminosäurenzusammensetzung sind hier die größten Fortschritte zu erwarten[12]. So könnten Nahrungsmittel speziell an bestimmte Zielgruppen wie zum Beispiel Säuglinge, Diabetiker oder Herzkranke und deren unterschiedliche Bedürfnisse angepasst werden[13]. Inwieweit Pflanzen Mikroorganismen als Bioreaktoren ersetzen können bleibt abzuwarten, da ihr Vorteil, die komplexeren Stoffwechselwege und damit die Möglichkeit differenziertere Proteine und ähnliches zu produzieren, bisher nicht ausreichend technisch nutzbar beziehungsweise im Gegensatz zu ihren kleinen Konkurrenten zu langsam ist.

Konkret lässt sich als Nutzen die gesündere oder auch: weniger schädliche Nahrung sowie die Gewinnung von wichtigen Stoffen wie Antibiotika, Impfstoffe und Hormonen feststellen. Weil eine gesunde und ausgewogene Ernährung in den Industriestaaten praktisch kein Problem ist, wäre der Nutzen[14] wiederum vor allem für die Entwicklungsländer zu sehen, in denen nicht nur unzureichende Kalorienversorgung,

---

[9] Wobus: Nahrungsmittel aus gentechnisch veränderten Pflanzen in Nahrungsketten, S.52, 53
[10] In der Regel sind dies Mikroorganismen, es gibt aber auch einige Versuche Pflanzen als Bioreaktoren zu etablieren, so zum Beispiel im Labor von Prof. Dr. Gunther Neuhaus an der Universität Freiburg i.Br.. (Jedoch mit bisher geringem Erfolg).
[11] Teuber: Gentechnik für Lebensmittel und Zusatzstoffe, S.10, 11.
[12] Vgl. hierzu zum Beispiel den an der Universität Freiburg i.Br. entwickelten „Goldenen Reis".
[13] Bethge, Philip (2003): Designerkost für alle, in: Der Spiegel 12/ 2003.
[14] Abgesehen von möglichen materiellen Einsparungsmöglichkeiten auch in den Industrieländern, die jedoch zumindest zweifelhaft erscheinen.

sondern auch Mangelernährung durch Vitamin- oder Aminosäurenmangel zu beklagen ist.

4. Zugrunde liegende ethische Werte der Nutzenanalyse

Berechtigterweise wird seitens der Naturwissenschaft gefordert, bezüglich der ethischen Bewertung der Gentechnik nicht nur die Risiko- sondern auch die Nutzenseite zu untersuchen[15]. So verfährt ja auch jede fundierte Technikfolgenabschätzung.

Was sind nun, unter ethischen Gesichtspunkten betrachtet die Vorteile der Gentechnik? Zwei oder drei wesentliche Aspekte lassen sich hierbei finden. Erstens ein im Sinne des (Wirtschafts-) Liberalismus begründeter materieller Vorteil; mehr und qualitativ bessere Nahrungsmittel für weniger Geld. Dies bedeutet weniger Leiden durch mehr Gesundheit (und damit verbunden wieder weniger Kosten) und steigenden Wohlstand. Spezifiziert man diesen Punkt etwas, kommt man zu einem zweiten, zumeist als Hauptargument verwendeten Punkt: die Entwicklungsländerproblematik. Da dort aufgrund der hohen Bevölkerungszuwächse, aber schlechter Versorgung mit Nahrungsmitteln, quantitativ wie qualitativ, die Not am größten ist, wird eine spürbare Linderung durch Einsatz von gentechnisch prozessierten Nahrungsmitteln erwartet und versprochen. Als konkretes Beispiel sei hier der so genannte „Goldene Reis" erwähnt, der durch einen erhöhten Proteingehalt Mangelerkrankungen in der dritten Welt verhindern soll. Allein aus Gründen der „Menschlichkeit" dürften der Bevölkerung der dritten Welt also die GVO nicht vorenthalten werden.

Hierbei ist jedoch zu beachten, ob die Not der Dritten Welt tatsächlich durch GVO verhindert oder zumindest verringert werden kann, oder ob diese Problematik bisher nicht eine reine Distributions- und Kaufkraftproblematik ist[16], also durch eine bessere Verteilung der globalen Ressourcen und vor allem durch eine Öffnung der Handelsbarrieren für Nahrungsmittel[17] behoben werden könnte. Selbst wenn das

---

[15] Beispielhaft: Teuber: Gentechnik für Lebensmittel und Zusatzstoffe, S.17.

[16] Hierzu: Honnefelder, Ludger: Novel Food – Zu den ethischen Aspekten der gentechnischen Veränderung von Lebensmitteln, in: in: Nordrhein – Westfälische Akademie der Wissenschaften (2000): Natur- Ingenieur- und Wirtschaftswissenschaften. Vorträge N 446, Westdeutscher Verlag, Wiesbaden, S.32, 33. (Nachfolgend: Honnefelder: Novel Food).

[17] Um den Entwicklungsländern Einkünfte zu bescheren, da sie häufig wesentlich billiger als die Industrieländer produzieren, aber die Agrarwirtschaft ihre Produkte wegen Handelszöllen nicht verkaufen kann. Mit den Devisen wären dann eine ausgewogene Ernährung und ein genereller Anstieg des Wohlstands möglich.

Problem aber nur ein Verteilungsproblem wäre, bleiben die prinzipiellen Vorteile der Gentechnologie bestehen. Jedoch werden durch ihre gesunkene Dringlichkeit die Risiken im Verhältnis zum Nutzen an Gewicht zunehmen. Als dritter und letzter Nutzen wäre noch die Möglichkeit zur Senkung der Umweltbelastung durch den verstärkten Einsatz von GVO zu nennen. Erhöhte Resistenzfähigkeit gegenüber Schädlingen kann zu einer durchaus bemerkenswerten Minderung des Pestizideinsatzes führen[18]. Allerdings sind die bisherigen Erfolge diesbezüglich eher bescheiden[19].

Es zeigt sich also, dass sich gegen die Gentechnik per se nur aus der Position der biozentrischen Ethik Einwände finden lassen, denn diese schreibt allen Organismen eine Selbstzwecklichkeit zu, die den Eingriff in das Genom verbietet. Altner hat dies „Integrität der Evolution[20]" genannt und daraus ein absolutes Schutzparadigma begründet, welches unabhängig von dem erwarteten Nutzen und den befürchteten Risiken die Herstellung transgener Pflanzen verbietet. Hierfür muss der Evolution ein mehr oder weniger konkretes Ziel unterstellt werden, was zwar für jeden Einzelnen persönlich, als seine eigene ethische Orientierung kein Problem darstellt, aber für die Gesellschaft insgesamt nur schwerlich als gegeben anzunehmen ist[21]. Honnefelder sieht in diesem Zusammenhang eine anthropozentrische Ethik[22] als geeigneter an, den Nutzen der Gentechnologie ethisch zu bewerten. Diese geht von einer Selbstzwecklichkeit allein des Menschen aus, da nur er Träger moralischer Verantwortung sei. Durch die Einheit des sittlichen Subjekts und des Lebewesens „Mensch" ist er in das „Gesamtgefüge der Natur" eingebettet und von ihr abhängig"[23] und gebietet so auch den Schutz der den Menschen umgebenden Natur.

Somit ist zwar noch keine Entscheidung über die ethische Vertretbarkeit[24] der Anwendung von Gentechnik gegeben, aber sie lässt sich, nach Honnefelder, nun

---

[18] Was wiederum auch ökonomische Vorteile böte.
[19] Honnefelder: Novel Food, S.29, 30.
[20] Altner, Günter: Ethische Aspekte der gentechnischen Veränderung von Pflanzen, in: Daele, W. an den (Hrsg.) (1994): Verfahren zur Technikfolgenabschätzung des Anbaus von Kulturpflanzen mit gentechnisch erzeugter Herbizidresistenz, Berlin, S.54- 60; und: Altner, Günter (1991): Naturvergessenheit. Grundlegung einer umfassenden Bioethik, Wissenschaftliche Buchgesellschaft, Darmstadt, S.214- 218.
[21] Vergleiche zur Problematik: Honnefelder: Novel Food, S.26.
[22] Honnefelder sprich hierbei von „anthroporelationaler Ethik", siehe: Honnefelder: Novel Food, S.26.
[23] Honnefelder: Novel Food, S.26, 27.
[24] Vergleiche hierzu auch die Diskussion um die „Rechte der Natur" und die „Würde der Kreatur" in: Bondolfi, Alberto: Der langwierige Weg von der Ethik zum Recht. Kann man verbindlich von „Rechten der Natur" und von der „Würde der Kreatur" sprechen?, in: Ders. (Hrsg.) (1997): „Würde der Kreatur": Essays zu einem kontroversen Thema, Pano- Verlag, Zürich, S.63- 89.

anhand von bestimmten Kriterien der Verträglichkeit ermessen[25]. Vergleicht man diese mit den oben genannten Nutzenperzeptionen, so muss der Gentechnik ihre prinzipielle ethische Unbedenklichkeit zugesprochen werden[26].

---

[25] Hierbei werden genannt: Gesundheits-, Human- und Sozialverträglichkeit, ökologische, normativ-wertethische, ökonomische, internationale und technische Verträglichkeit.
[26] Allerdings soweit nur hinsichtlich der Nutzenanalyse.

IV. Risikoanalyse

Mit der Einführung von Novel Food und der Gentechnik in die Nahrungsmittelproduktion allgemein, sind vielschichtige und unterschiedlichste Bereiche des menschlichen Lebens nicht nur im positiven, sondern auch im negativen Sinne betroffen. Es stellt sich also die Frage weshalb man sich diesem Risiko – denn ein solches stellt es zweifelsfrei dar – aussetzen sollte. In diesem Kapitel werden die Risiken der Anwendung von Gentechnik in der Nahrungsmittelproduktion kategorisiert dargestellt, um die (mögliche) Verwirrung zu beheben und eine Gewichtung derselben vornehmen zu können. Analog zu vorigem Kapitel werden abschließend wieder die zugrunde liegenden ethischen Werte analysiert.

1. Ökologische Risiken

Ökologische Risiken aus dem Anbau und der Herstellung von Novel Food ergeben sich insbesondere durch die schwer abzuschätzende Wirkung der GVO auf die Tierwelt einschließlich des Menschen[27]. Zwar gibt es strenge und umfassende Kontrollversuche, Freisetzungsversuche und Verträglichkeitsversuche[28], doch stellen diese – und können auch nicht anders – lediglich eine Schätzung der Eintrittswahrscheinlichkeit von kurz- und mittelfristigen Problemen dar. Das Risiko von längerfristigen Wirkungen ist mithin nicht untersuchbar, da hierfür die benötigte Zeit und der ökonomische Druck zu hoch sind. Insoweit gilt dies für sämtliche Risiken des Gentechnik- Einsatzes bei Nahrungsmitteln - und sogar darüber hinaus -, aber speziell die ökologischen Langzeitfolgen dieses Einsatzes sind durch die Komplexität der Ökosysteme und deren unüberschaubare Interaktionsmöglichkeiten nicht zu überblicken[29]. Eine im Sinne der Ertragssteigerung positive Pestizid-, Herbizid- oder auch Insektizidresistenz kann sich verheerend auf die Flora und Fauna allgemein auswirken[30]. Insbesondere auf Insekten wirken solche Resistenzen auf erschreckende Weise und zerstören so nicht nur den Bestand an bestimmten

---

[27] Welche unter Punkt 2 gesondert behandelt werden.
[28] Siehe stellvertretend: Teuber: Gentechnik für Lebensmittel und Zusatzstoffe, S.14- 16.
[29] So wird teilweise vor der Entstehung neuer Killerviren oder Pflanzen gewarnt. Stampf, Olaf (1997): Das neue Schlaraffenland, in: Der Spiegel 15/ 1997; DFG: Gentechnik und Lebensmittel, S.21.
[30] Kein Beweis aber ein nachdenklich stimmender Artikel des Spiegels bestätigt die Sichtweise, dass gewisse Risiken auf die lebendige Umwelt eben nicht auszuschließen sind: Buse, Uwe (2004): Der achte Tag, in: Der Spiegel 2/ 2004.

Insektenarten[31], sondern verursachen auch ein Ungleichgewicht sowohl in der Nahrungskette, als auch im entsprechenden Ökosystem. Verstärkt wird dieser Effekt nicht zuletzt durch die drastische Verringerung der Sortenvielfalt[32]. Bezüglich der geologischen Probleme sind eher weniger Schreckensszenarien zu erwarten. Am ehesten scheint sich noch die verstärkte Auslaugung des Bodens als Problem zu entwickeln, wobei hier durch gentechnische Eingriffe zum Teil sogar eine Reduktion der Beanspruchung oder auch Erosion des Bodens zu erreichen ist[33], wodurch selbiges Problem behoben wäre.

Überblickend lässt sich also sagen, dass vor allem die „unspezifische" Wirkung[34] von Resistenzen tief in das Wirkungsgefüge der Ökosysteme eingreift und damit ein gewisses Maß an unkalkulierbarem Risikopotential birgt, wobei geologische Probleme eher in den Hintergrund rücken. Verstärkt wird die Problematik durch die nicht mögliche Einschränkung der Gentechnik auf einzelne Gebiete. Gentechnisch veränderte und natürliche Organismen können sich rasch durchmischen („Auskreuzung"[35], „Auswilderung")[36].

2. „Direkte" Risiken

Hierunter fallen denkbare Risiken durch den Verzehr transgener Organismen beziehungsweise der aus ihnen gewonnenen Nahrungsmittel. Risiken bilden die eventuelle verstärkte Bildung toxischer Inhaltsstoffe[37], die mögliche Bildung von Allergenen, Antibiotikaresistenzen[38] und Risiken durch den Kontakt mit gentechnisch Veränderter DNA oder sonstiger bestimmter Proteine[39].

In diesem Bereich wurden zahlreiche Tests vorgenommen, da hier die Risiken unmittelbar und am deutlichsten hervortreten. Insgesamt hat man bisher keine

---

[31] Wie zum Beispiel dem Monarch- Falter in den USA: Bredow, Rafaela von (2001): Tod der Schmetterlinge, in: Der Spiegel 4/ 2001. Die DFG sieht diesen Zusammenhang aber nicht als bewiesen an: DFG: Gentechnik und Lebensmittel, S.21.
[32] Bayerische Akademie der Wissenschaften (1999): Rundgespräche der Kommission für Ökologie. Lebensmittel und Gentechnik, Pfeil Verlag, München, S.23. (Nachfolgend: Bayerische Akademie der Wissenschaften: Lebensmittel und Gentechnik).
[33] DFG: Gentechnik und Lebensmittel, S.12.
[34] Natürlich wirken diese weit nicht auf alle Organismen, aber ebenso weit sind sie davon entfernt nur auf die Zielgruppe alleine zu wirken.
[35] Manche Experten bezweifeln die Gefahr der Auskreuzung jedoch: Bayerische Akademie der Wissenschaften: Lebensmittel und Gentechnik, S.21.
[36] Bethge, Philip (2003): Sinnloses Label, in: Der Spiegel 28/ 2003; Bethge, Philip (2003): Designerkost für alle, in: Der Spiegel 12/ 2003. Sowie: DFG: Gentechnik und Lebensmittel, S.18- 20.
[37] Stampf, Olaf (1997): Das neue Schlaraffenland, in: Der Spiegel 15/ 1997; DFG: Gentechnik und Lebensmittel, S.24.
[38] Hierzu auch: DFG: Gentechnik und Lebensmittel, S.25.
[39] Wobus: Nahrungsmittel aus gentechnisch veränderten Pflanzen in Nahrungsketten, S. 60.

gravierenden Unverträglichkeiten gefunden, außer der Tatsache, dass einige allergische Reaktionen auftraten[40]. Dies stellt insoweit ein beträchtliches Problem dar, da ohne eine gründliche Kennzeichnung der Produkte der Verbraucher dann keine Möglichkeit hat, sich vor (wenn auch bekannten) allergischen Reaktionen zu schützen[41]. Darüber hinaus konnte bisher zwar noch keine Auswirkung von gentechnisch veränderter DNA auf den Konsumentenorganismus gefunden werden[42], doch ist hierbei, wie schon unter Punkt IV.1 genannt, eine Langzeitstudie noch nicht erfolgt[43]. Auf einer noch grundlegenderen Ebene stellt sich auch die Frage nach der gesundheitlichen Relevanz von gentechnisch veränderten Lebensmitteln, das heißt, da heute allgemein noch umstritten ist was „gesund" und was nicht (beziehungsweise in welcher Menge) ist[44], verließ man sich bisher, etwas polemisch formuliert, neben den medizinischen Untersuchungen auf die „Kraft der Natur" und der „Evolution". Das natürliche Widerspiel der Umwelt garantierte gleichsam eine gesunde Ernährung; wer aber kann diese nunmehr angesichts der Möglichkeit der drastischen und schnellen Änderung der Inhaltsstoffe der Pflanzen usw. garantieren?

Die direkten Risiken sind durch ihre Unmittelbarkeit in der Auswirkung von Bedeutung. Aufgrund der weltweiten Vernetzung der Nahrungsmittelindustrie sind hierbei vor allem die (zunehmende) Zahl an Allergikern[45] zu beachten und zu schützen[46]. Zudem stellen die langzeitlichen Folgen des Kontaktes mit gentechnisch veränderten Lebensmitteln ein bisher schwer einschätzbares Risiko dar.

3. Sozio- ökonomische Risiken
Die sozio- ökonomischen Risiken sind laut Wobus am schwierigsten einzuschätzen, da sie sehr stark von Wertungen abhängen[47]. Sie spielen sehr stark in

---

[40] So zum Beispiel bei der Verwendung eines Gens der Paranuss. Bredow, Rafaela von (1999): Monsantos Vietnam, in: Der Spiegel 49/1999.
[41] In gewissem Umfang stellt dies auch bei Verunreinigungen von herkömmlichen Nahrungsmitteln ein Problem dar.
[42] Zumindest nicht in anderem Maße als durch Genuss von herkömmlichen Nahrungsmitteln schon gegeben. Stampf, Olaf (1997): Das neue Schlaraffenland, in: Der Spiegel 15/ 1997.
[43] Es ist also noch nicht erforscht ob, oder ob nicht ein möglicher Effekt besteht. In diesem Zusammenhang wird dann darauf verwiesen, dass der Mensch über seine Nahrungsmittel ja schon immer Fremd- DNA aufnimmt. Allerdings liegt hier wieder ganz deutlich die Annahme der substantiellen Äquivalenz zugrunde. Vgl.: Bayerische Akademie der Wissenschaften: Lebensmittel und Gentechnik, S.58- 60.
[44] Wobus: Nahrungsmittel aus gentechnisch veränderten Pflanzen in Nahrungsketten, S. 61.
[45] Bayerische Akademie der Wissenschaften: Lebensmittel und Gentechnik, S.63.
[46] Wobei auch ein Potential zur Senkung von allergischen Reagenzien gesehen wird. Stampf, Olaf (1997): Das neue Schlaraffenland, in: Der Spiegel 15/ 1997, und: DFG: Gentechnik und Lebensmittel, S.25.
[47] Wobus: Nahrungsmittel aus gentechnisch veränderten Pflanzen in Nahrungsketten, S. 61.

gesellschaftliche Grundvorstellungen hinein, zum Beispiel in die jeweiligen Wirtschaftsordnungen. So wird davon ausgegangen, dass die Gentechnik die Position von Großunternehmen zum Nachteil von kleineren und mittleren Firmen begünstigen wird, da von der Forschung bis zum letztlich verzehrbaren Endprodukt eine Menge Zeit, viele Beschäftigte und vor allem eine Menge Kapital benötigt wird. Insofern könnte es so zu einer Konzentration der an der Lebensmittelproduktion beteiligten Firmen und damit zu einer vermehrten Abhängigkeit von selbigen kommen. Löbliche Ausnahmen wie zum Beispiel der Verzicht auf jegliche Patentabgaben und Gewinnerzielung beim „Goldenen Reis" werden aber die Ausnahme bleiben; dafür sorgt alleine schon das Marktwirtschaftliche Prinzip[48]. Außerdem werden durch solche Maßnahmen die Entwicklungsländer verstärkt von den Industrieländern, und dabei insbesondere von den ressourcenkräftigen Unternehmen, abhängig. Niemand kann bei einer solchen einseitigen Interdependenz eine faire beziehungsweise noch weitergehend: kostenfreie Lieferung des Saatgutes an ärmere Länder (vor allem in Krisenzeiten) garantieren. Unter diesem Gesichtspunkt betrachtet wird die heutzutage eigentlich bevorzugte „Hilfe zur Selbsthilfe" auf den Kopf gestellt: Nicht durch eine noch stärkere Abhängigkeit von westlichem Saatgut und Produktionsmitteln wird den Entwicklungsländern geholfen, sondern vielmehr durch einen fairen Handel, in dem die Länder der Dritten Welt auf manchen Gebieten schon heute konkurrenzfähig wären[49].

4. Zugrunde liegende ethische Werte der Risikoanalyse

Zuerst muss an dieser Stelle deutlich gemacht werden, dass eine objektive und in diesem Sinne wertneutrale Risikoabschätzung nicht leistbar ist. Einerseits ist die Festlegung eines Ereignisses als Schaden an sich schon subjektiv und andererseits kann eine Messung des Schadensausmaßes auch niemals wertfrei sein[50]. Zusätzlich stellt sich die Frage nach der angemessenen Berücksichtigung sehr kleiner Eintrittswahrscheinlichkeiten auf der einen Seite gegenüber sehr großen

---

[48] So führt Brasilien zum Beispiel riesige Mengen an Soja aus, hat aber für die eigene Bevölkerung zu wenige Reisvorräte um den Hunger zu stillen. Traufetter, Gerald (2000): Turbopflanzen gegen Hunger, in: Der Spiegel 22/ 2000.
[49] Zum Beispiel in der Baumwollproduktion.
[50] Skorupinski, Barbara: „Novel Food" – Ethische Perspektiven, in: Düwell, Marcus; Steigleder, Klaus (Hrsg.) (2003): Bioethik – Eine Einführung, Suhrkamp Verlag, Frankfurt am Main, S.381. (Nachfolgend: Skorupinski: Novel Food).

Schadensdimensionen auf der anderen Seite[51]. Jonas entwickelt in diesem Zusammenhang die These, dass eine Technologie, die potentiell das Überleben der gesamten Menschheit gefährden könnte – und sei die Wahrscheinlichkeit auch noch so klein – prinzipiell abzulehnen ist[52]. Inwieweit dem zuzustimmen oder zu widersprechen ist, kann und soll an dieser Stelle nicht erörtert werden, aber es zeigt, dass einer Risikoanalyse notwendigerweise ethische Standpunkte inhärent sind und es nicht möglich ist, diese auszuklammern.

Zu Anfang der Debatte um die Anwendung von Gentechnik bei der Nahrungsmittelproduktion stellt sich die Frage nach der Vergleichbarkeit der Risiken von herkömmlichen Lebensmitteln und den so genannten Novel Foods. Eine, wie zum Beispiel in den USA[53], generelle Unterstellung der Äquivalenz der Risikodimension stellt bereits eine Wertung dar, unterstellt sie doch, dass von der neuen Technik, *prinzipiell,* keinerlei neue Gefahren zu erwarten seien[54]. Dies ist unter anderem jedoch vor allem deshalb sehr zweifelhaft, da man bei der Gentechnologie nicht auf die jahr(hunderte)lange Erfahrung wie in der „klassischen" Nahrungsmittelproduktion durch Züchtung und ähnliche Verfahren zurückgreifen kann. Ebenso ist laut Skorupinski die Rationalität der Unterstellung der Vergleichbarkeit anzuzweifeln, „da sich die fraglichen Risiken addieren"[55]; zudem sei die Annahme der Akzeptanz von neuen Risiken aus der Kenntnis der faktischen Akzeptanz von bekannten Risiken bedenklich[56]. Darüber hinaus ist zu berücksichtigen, dass die, selbst wenn auch nicht rational begründbare, Angst der Bevölkerung vor einer solchen Technik als Teil der Risikoanalyse zu begreifen ist[57].

In unserer Gesellschaft stellt das Volk den Souverän dar und kann folglich nicht durch eine Expertenkommission (die die Technik eventuell als ungefährlich einstuft) bevormundet werden. Erstens muss die Bevölkerung also bei der Entscheidungsfindung eingebunden sein und zweitens vor einer drohenden „Übergehung" des Entschlusses, zum Beispiel durch Einführung der Technik in

---

[51] Skorupinski: Novel Food, S.381.
[52] Nach: Grunwald, Armin (2002): Technikfolgenabschätzung – eine Einführung (= Gesellschaft – Technik – Umwelt Band 1, neue Folge), edition sigma, Berlin, S.214.
[53] Skorupinski: Novel Food, S.382.
[54] Eine solche substantielle Äquivalenz wird meistens zugrunde gelegt, zum Beispiel: DFG: Gentechnik und Lebensmittel, S.4.
[55] Skorupinski: Novel Food, S.382.
[56] Skorupinski: Novel Food, S.382.
[57] Was bei der Gentechnik zum Beispiel gegeben ist. Wobus: Nahrungsmittel aus gentechnisch veränderten Pflanzen in Nahrungsketten, S.63.

anderen Ländern und dem möglichen Import von dort, geschützt werden[58]. Die Einführung der Kennzeichnungspflicht stellt hier einen möglichen Ausweg dar, der jedoch noch mit zahlreichen Problemen behaftet ist[59].

Kurzum ist es nicht möglich die Risikoanalyse nur aus der Sicht der (zumeist) rational bewertenden Sicht der Naturwissenschaftler und Experten zu führen, sondern die mehr emotionale Sicht der Allgemeinbevölkerung ist unabdinglicher Bestandteil derselben. Mit ihr spielen vermehrt Werte wie Konsumentensouveränität, (subjektive) Natürlichkeit und Gesundheit, sowie eventuelle religiöse Werte eine Rolle. welche trotz ihres offensichtlichen subjektiv- wertenden Charakters berücksichtigt werden müssen, da ja auch die naturwissenschaftliche Sicht auf Wertungen beruht und oftmals zweifelhafte Annahmen voraussetzt[60].

---

[58] Ähnlich: Skorupinski: Novel Food, S.383, 394.
[59] Bethge, Philip (2003): Sinnloses Label, in: Der Spiegel 28/ 2003.
[60] Wie zum Beispiel die Annahmen der prinzipiellen Vergleichbarkeit der Risiken von klassischer und neuer Lebensmittelherstellung.

V. Fazit

Was lässt sich als Fazit festhalten?

Einerseits wurde durch die Nutzenanalyse aufgezeigt, dass die Gentechnik für die Nahrungsmittelproduktion große Fortschritte bieten kann. Hunger könnte durch erhöhte Nährwerte, geringeren Ernteausfall und aufgrund widerstandsfähigerer Pflanzen gestillt und Mangelerkrankungen durch verbesserte „Rezeptur" der Inhaltsstoffe von Pflanzen geheilt oder gar ganz vermieden werden. Auch im Bereich Umweltschutz scheinen gewisse Erfolge beziehungsweise Fortschritte durch die Anwendung der Gentechnologie möglich zu sein. Über eingebaute Resistenzen in den Pflanzen könnte der Düngemitteleinsatz, der einen Großteil der heutigen Umweltproblematik verursacht, reduziert, und die Natur somit geschont werden.

Insbesondere bezüglich der so genannten Dritten und auch Zweiten Welt wären dringend notwendige Verbesserungen erreichbar. Dahinter lassen sich Werte wie Menschlichkeit, Gerechtigkeit aber auch Profitsucht finden. In dieser Hinsicht zeichnet die Nutzenanalyse ein gemischtes Bild, von hehren Zielen bis zu eher „niederen" Antriebsgründen; jene wären, wenn sie indirekt auch zu erstrebenswerten Zielen wie Gerechtigkeit und Hungervermeidung führen, jedoch zu tolerieren[61].

Andererseits zeigt die Risikoanalyse auf, dass selbige auf verschiedenen Ebenen drohen und in ihrer Dimension zum Teil sehr weitreichend sind. Auch wenn man nicht davon ausgehen muss, dass die Gentechnik ein die Existenz der Menschheit bedrohendes Potential in sich birgt, was nach Jonas automatisch zu deren Ablehnung führen müsste, so stellt sich schon die Frage nach der Relation des möglichen Nutzens und des drohenden Schadens.

Hierbei fallen nun die Alternativen zur Erreichung der in der Nutzenanalyse genannten Ziele ins Gewicht. Wie schon angedeutet ist dabei festzustellen, dass auch mit wesentlich weniger risikobehafteten Methoden praktisch derselbe Nutzen wie mit der Gentechnik zu erreichen wäre. Ist doch die globale Hungerproblematik

---

[61] Ganz im Sinne von Adam Smith's „invisible hand". Smith, Adam (1776): An Inquiry into the Nature and Causes of the Wealth of Nations, London.

vor allem ein Distributions[62]- und Armutsproblem[63] und keines der mangelnden Produktion[64].

Hinzu kommt, dass nicht unbedingt mit einem solch dramatischen Bevölkerungsanstieg zu rechnen ist wie dies manchmal dargestellt wird, wodurch die Versorgungsproblematik für die Zukunft an Ausmaß verlöre[65]. Richtig ist allerdings, dass die Bevölkerung gerade in den versorgungstechnisch problematischen Gebieten der Erde (vor allem Afrika) stark anwachsen wird, was jedoch nach dem dafürhalten zahlreicher Experten durch einen echten Freihandel behoben werden könnte. Ohne die (nicht ausreichende und doch falsche) kostenlose Lieferung von Nahrungsmitteln aus Überschüssen der Industrieländer in die Entwicklungsländer würde es sich für die örtlichen Bauern wieder lohnen Getreide usw. anzubauen[66]. Die Anwendung von Gentechnik zur Erhöhung der Produktivität in der Dritten Welt würde hierbei nur wieder eine verstärkte Abhängigkeit von Großunternehmen der Ersten Welt bedeuten, die es aber gerade abzubauen gilt[67].

Folglich sind die in III.4 genannten Ziele in ihrer Größe zwar sehr bedeutend, aber erstens auch auf risikofreieren Wegen zu erreichen; und zweitens stellen die Risiken im Verhältnis zum erwarteten Nutzen eine zu große Belastung dar[68], vor allem da die Wahlfreiheit und damit die Souveränität der Bevölkerung beziehungsweise der Konsumenten nicht zu gewährleisten ist, und die Eintrittswahrscheinlichkeit von negativen Begleiterscheinungen, wie Allergien zum Beispiel, sehr hoch ist.

---

[62] Ingeborg Schäuble (Präsidentin der Deutschen Welthungerhilfe) in: Traufetter, Gerald (2000): Turbopflanzen gegen Hunger, in: Der Spiegel 22/ 2000.

[63] Bredow, Rafaela von (2001): Tod der Schmetterlinge, in: Der Spiegel 4/ 2001.

[64] Bredow, Rafaela von (2001): Tod der Schmetterlinge, in: Der Spiegel 4/ 2001.

[65] Vergleiche: Schulz, Reiner: Dynamik der Weltbevölkerung, in: Deutsche Akademie der Naturforscher Leopoldina (1998): Nahrungsketten – Risiken durch Krankheitserreger, Produkte der Gentechnologie und Zusatzstoffe? Leopoldina- Symposium vom 8. bis 10. Mai 1998 in Jena, Barth Verlag, Leipzig, S.11-28.

[66] Vergleiche hierzu die Problematik in Afghanistan wo die Bauern Mohn anpflanzen müssen, da sie wegen der Lieferung von Getreide seitens der UNO, für Anbau desselben nicht genug Geld verdienen können.

[67] Zwar stellen einzeln Projekt solches Saatgut kostenfrei zur Verfügung, was aber durch den ständigen Bedarf an Saatgut (da dieses oft steril ist) und die Notwendigkeit der Anpassung des Saatgutes an veränderte Bedingungen (Resistenzen der Schädlinge…) nicht langfristig und nachhaltig durchführbar ist. Vgl.: DFG: Gentechnik und Lebensmittel, S.14.

[68] Vergleich hierzu auch das Ergebnis von Schell: Schell, Thomas von: Biotechnologie und Gentechnik im Diskurs, in: Skorupinski, Barbara; Ott, Konrad (Hrsg.) (2001): Ethik und Technikfolgenabschätzung. Beiträge zu einem schwierigen Verhältnis (= Oekologie & Gesellschaft, Band 16), Helbing & Lichtenhahn, Basel, S.149, und die Diskussion um „rote" und „grüne" Gentechnik in: Gill, Bernhard (2003): Streitfall Natur. Weltbilder in Technik- und Umweltkonflikten, Westdeutscher Verlag, S.257- 262.

Literaturverzeichnis

Altner, Günter (1991): Naturvergessenheit. Grundlegung einer umfassenden Bioethik, Wissenschaftliche Buchgesellschaft, Darmstadt.

Altner, Günter: Ethische Aspekte der gentechnischen Veränderung von Pflanzen, in: Daele, W. an den (Hrsg.) (1994): Verfahren zur Technikfolgenabschätzung des Anbaus von Kulturpflanzen mit gentechnisch erzeugter Herbizidresistenz, Berlin.

Bayerische Akademie der Wissenschaften (1999): Rundgespräche der Kommission für Ökologie. Lebensmittel und Gentechnik, Pfeil Verlag, München.

Bethge, Philip (2003): Designerkost für alle, in: Der Spiegel 12/ 2003.

Bethge, Philip (2003): Sinnloses Label, in: Der Spiegel 28/ 2003.

Bondolfi, Alberto: Der langwierige Weg von der Ethik zum Recht. Kann man verbindlich von „Rechten der Natur" und von der „Würde der Kreatur" sprechen?, in: Ders. (Hrsg.) (1997): „Würde der Kreatur": Essays zu einem kontroversen Thema, Pano- Verlag, Zürich.

Bredow, Rafaela von (1999): Monsantos Vietnam, in: Der Spiegel 49/1999.

Bredow, Rafaela von (2001): Tod der Schmetterlinge, in: Der Spiegel 4/ 2001.

Buse, Uwe (2004): Der achte Tag, in: Der Spiegel 2/ 2004.

DFG (2001): Gentechnik und Lebensmittel. Senatskommission für Grundsatzfragen der Genforschung. Mitteilung 3, Wiley- VCH Verlag, Weinheim.

Gill, Bernhard (2003): Streitfall Natur. Weltbilder in Technik- und Umweltkonflikten, Westdeutscher Verlag.

Grunwald, Armin (2002): Technikfolgenabschätzung – eine Einführung (= Gesellschaft – Technik – Umwelt Band 1, neue Folge), edition sigma, Berlin.

Schell, Thomas von: Biotechnologie und Gentechnik im Diskurs, in: Skorupinski, Barbara; Ott, Konrad (Hrsg.) (2001): Ethik und Technikfolgenabschätzung. Beiträge zu einem schwierigen Verhältnis, Helbing& Lichtenhahn, Basel.

Skorupinski, Barbara: „Novel Food" – Ethische Perspektiven, in: Düwell, Marcus; Steigleder, Klaus (Hrsg.) (2003): Bioethik – Eine Einführung, Suhrkamp Verlag, Frankfurt am Main.

Smith, Adam (1776): An Inquiry into the Nature and Causes of the Wealth of Nations, London.

Stampf, Olaf (1997): Das neue Schlaraffenland, in: Der Spiegel 15/ 1997.

Teuber, Michael: Gentechnik für Lebensmittel und Zusatzstoffe – Leben mit der Gentechnik, in: Nordrhein – Westfälische Akademie der Wissenschaften (2000):

Natur- Ingenieur- und Wirtschaftswissenschaften. Vorträge N 446, Westdeutscher Verlag, Wiesbaden.

Traufetter, Gerald (2000): Turbopflanzen gegen Hunger, in: Der Spiegel 22/ 2000.

Wobus, Ulrich: Nahrungsmittel aus gentechnisch veränderten Pflanzen in Nahrungsketten, in: Deutsche Akademie der Naturforscher Leopoldina (1998): Nahrungsketten – Risiken durch Krankheitserreger, Produkte der Gentechnologie und Zusatzstoffe? Leopoldina- Symposium vom 8. bis 10. Mai 1998 in Jena, Barth Verlag, Leipzig.